耿裕华◎主　编
于　建◎副主编

新形势下
建筑企业安全生产
风险分析与防范

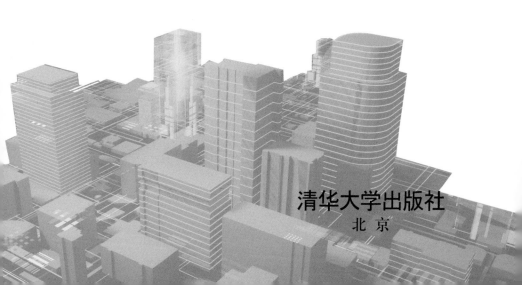

清华大学出版社
北　京

图书在版编目（CIP）数据

新形势下建筑企业安全生产风险分析与防范 / 耿裕华主编. —北京：清华大学出版社，2020.10

ISBN 978-7-302-56517-8

Ⅰ. ①新… Ⅱ. ①耿… Ⅲ. ①建筑企业－安全生产－风险管理 Ⅳ. ①TU714

中国版本图书馆CIP数据核字(2020)第182928号

责任编辑：刘 晶
封面设计：汉风唐韵
版式设计：方加青
责任校对：王荣静
责任印制：丛怀宇

出版发行：清华大学出版社
   网 址：http://www.tup.com.cn，http://www.wqbook.com
   地 址：北京清华大学学研大厦A座 邮 编：100084
   社 总 机：010-62770175 邮 购：010-62786544
   投稿与读者服务：010-62776969，c-service@tup.tsinghua.edu.cn
   质 量 反 馈：010-62772015，zhiliang@tup.tsinghua.edu.cn
印 装 者：北京博海升彩色印刷有限公司
经 销：全国新华书店
开 本：148mm×210mm 印 张：3.125 字 数：56千字
版 次：2020 年 10 月第 1 版 印 次：2020 年 10 月第 1 次印刷
定 价：42.00元

产品编号：090280-01

安全高于一切　重于一切　先于一切

本书编委会人员

主　编：耿裕华

副主编：于　建

参　编：俞国兵　瞿羌军
　　　　张峥峰　张　昕　沈笑非

作者简介

耿裕华，1960 年 2 月出生，江苏南通人，中共党员。研究员级高级工程师，享受国务院特殊津贴专家。1981 年毕业于南京建筑工程学院；2004 年毕业于复旦大学管理学院，获 EMBA 高级工商管理专业硕士学位。

投身建筑事业四十余年，现任达海控股集团有限公司董事局主席、

耿裕华

党委书记，南通四建集团有限公司名誉董事长，中国建筑业协会副会长，江苏省工程师学会副理事长，南通建筑业商会会长，南通建筑产业联盟首届理事会执行理事长，中国建筑业协会专家委员会委员，复旦大学管理学院同学会执行会长、MBA 面试评审专家组专家，清华大学继续教育学院特聘专家，南京大学商学院客座教授，南京工业大学客座教授。

荣获全国建设系统劳动模范、全国优秀施工企业家、全国质量管理小组活动卓越领导者、全国建筑业新技术应用先进个人、全国建设工程质量管理先进个人、创建"鲁班奖"工程突出贡献先进个人、江苏省有突出贡献建筑业企业家、江苏省十大风云苏商等荣誉称号,江苏省"五一劳动奖章"获得者。

著有《博观:耿裕华对话录》等。

于建,男,1967年3月出生,江苏南通人。1988年毕业于东南大学土木工程系工民建专业,中共党员,国家一级注册建造师,研究员级高级工程师,在南通四建集团有限公司从事一线建筑施工管理三十余年。

于 建

现任南通海融投资管理股份有限公司董事长,南通四建集团有限公司项目管理中心主任,南通市住建局危大工程专家库专家。荣获全国优秀项目经理,江苏省出省施工优秀企业经理等荣誉称号,天津市"五一劳动奖章"获得者。

研究成果有第十三、第十四届全国冬季运动会冰上运动中心速滑馆冰场施工技术等十项实用新型专利等。

前　言

　　新形势下，建筑施工企业安全生产面临着内部、外部环境巨大而又深刻的变化，对每一个施工企业而言，如何应对当前的生产安全挑战已成当务之急！

　　为了做好建筑施工企业的安全管理工作，有效防范和应急处置生产安全事故，作者撰写了《新形势下建筑企业安全生产风险分析与防范》。本书从建筑施工安全与企业十大方面的关系、当前建筑行业面临的安全形势、建筑施工企业安全管理亟待解决的若干重要问题出发，深刻揭示、系统阐述了当前形势下，"集团公司、地区公司（专业分公司）、项目部"三级组织架构下的建筑施工企业在整个企业安全管理方面应怎么管、管什么、怎么做、做什么等内容，着重突出了安全管理工作的源头性、前置性、事先预防性、系统性、综合性、整体联动性。本书图文并茂，力求内容通俗易懂，并具有针对性、指导性、实用性和可操作性，以帮助广大建筑施工企业各级领导、各级安全总监和安全员、各级技术负责人员、各类施工人员学习企业安全管理新理念，开拓新思路，掌握新要点，采取新手段，不断提高企业安全生产管理体系和管理能力的现代化水平，更好地保障企业安全生产。

本书可作为广大建筑施工企业各级领导、各级安全总监和安全员、各级技术负责人员、各类施工人员和建筑安全监管机构有关人员的学习用书，也可用于建筑施工企业安全管理工作指导、全员教育培训宣传；尤其可以作为贯彻落实2020年4月1日开始启动的《全国安全生产专项整治三年行动计划》的行动指南，并作为相关大专院校、专业培训机构的教学参考。

本书内容虽经反复推敲，仍难免不妥之处，恳请广大读者提出宝贵意见。

编　者

2020 年 6 月

目　录

第三章
建筑施工企业安全管理亟待解决的若干重要问题

第一章

建筑施工安全与企业
十大方面的关系

　　建筑施工企业具有露天作业、流动性大、单件生产、高空作业多、危险性大等特点，安全生产尤其重要，其与企业的十大方面的关系如图 1-1 所示。

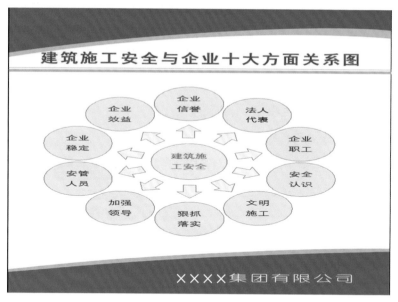

图 1-1　建筑施工安全与企业十大方面的关系

第一节　施工安全与企业信誉的关系

信誉是一种隐形效益、无形资产，是企业长期经营后所获得的社会对企业的评价。创造好的信誉相当程度上要依靠人的因素，人的安全无保证，就无法去创造信誉，安全施工、文明施工就是在直接创造企业信誉。

第二节　施工安全与企业效益的关系

企业的效益是人创造的，不维护好人的安全谁去创造效益？而且一旦发生事故，既有直接损失，又有巨大的间接损失。施工是人与材料、机械反复交往的过程，时时刻刻伴随着安全事故的风险，所以必须对施工人员加以安全防护，对其投入是取得效益的重要条件，不能为了效益忽视安全投入。

第三节　施工安全与法人代表的关系

法人代表是第一责任人，在经营决策上必须优先服从于安全，这是法律所规定的。各级组织在生产经营活动中也必须优先服从有关安全的法律规定。责任人违章指挥造成了严

重后果，或者没有在施工中采取行之有效的施工安全措施而
发生了重大安全事故，也将受到法律的制裁。

第四节　施工安全与企业稳定的关系

安全生产、有序生产是生活安定的保证。出了安全事故，
不仅影响个人、家庭的安定生活，也影响企业的生产稳定，
甚至还会影响社会稳定，没有安全和稳定，就没有一切。

第五节　施工安全与企业职工的关系

职工是企业的主人，职工有依法维护自身安全的权利，
也应该有自我防护的能力。企业有必要加强对职工的培训，
职工也有必要加强学习，提高安全意识。只有防护技能提高了，
安全意识增强了，才能最大程度地避免安全事故。

第六节　施工安全与安管人员的关系

安全管理人员是安全生产的监督者，责任十分重大。他
们一要知法律、懂制度，熟悉规范、标准、规程，善于发现

违章行为；二要当好企业决策人的参谋；三要有一定的权力；四要有高度的责任感和强烈的责任心；五要有"铁的面孔"和"铁的手腕"，不管是谁，只要涉及不安全的施工行为就应坚决制止。

第七节　施工安全与安全认识的关系

实践出真知，通过直接或间接的对事故的认识，能从中深刻吸取教训。事故的发生有多种原因，但分析最终原因会发现，绝大部分都出在安全思想不牢固、安全认识浅薄、安全教育不够等几个方面。企业的领导层、管理层和员工层，无论哪个层次都必须对安全有正确的、深刻的认识，认识提高了，安全才能有保证。

第八节　施工安全与狠抓落实的关系

任何法规、制度、措施得不到落实都等于零，只有一级抓一级，层层抓落实，才能防患于未然。

第九节 施工安全与加强领导的关系

企业各级领导对安全生产要身体力行，做到在安排施工的同时，落实好安全措施；在检查施工的同时，检查安全施工的执行；在总结评比的同时，总结评比安全施工的事例。要把"视隐患为事故"这一关口前移，将隐患作为事故来管理，一旦发现安全隐患要果断排除，并可将事故处理"四不放过"原则提前用来对隐患进行处理，做到不排除隐患不撒手，不解决问题不罢休。当发生安全事故（包括轻微事故、未遂事故）时要坚决做到"四不放过"，即"事故原因未查清不放过、责任人员未处理不放过、整改措施未落实不放过、有关人员未受到教育不放过"。并引以为戒，吸取教训，举一反三，只有这样，安全事故才会少发生或不发生。

第十节 施工安全与文明施工的关系

文明施工做好了，能从很大程度上避免安全事故的发生。不文明施工既浪费材料，也不利于施工安全。安全生产、文明施工，对企业信誉的提高和管理水平的提高以及企业的生产效率、效益的提高，都有连带作用。

第二章

当前建筑行业面临的
安全形势

第一节　政府监管形势

党的十九大以后，国家组建了国家、省、市、县四级监察委员会，颁布实施了《国家监察法》，对所有行使公权力的公职人员实行监察全覆盖，对失职、失察、渎职、不作为、乱作为等行为进行惩处。

与建筑行业相关的各级政府部门虽然进行了"放管服"改革，但采取了"双随机、一公开"等更加严厉的事中、事后动态监管。同时对政府工作人员实行了"一案双查、三责同追"，包括"零处罚"也将被问责等责任追究制度。检查方式采用了不断创新的"四不二直"、明察暗访、暗察暗访、抽查突访等方式。监管机制方面，全国正在加快推行 31 个部门联合惩戒、信用挂钩的新型监管机制（包括环保信用挂钩）。自 2019 年江苏盐城响水"3·21 爆炸事故"发生后，面对发生巨大变化的新形势，原来的一些做法可能需要改善，而且还要有新的做法。例如，国家即将颁布实施新修订的《安全生产法》，探索并出台包括安全信用分级分类管理、安全费用提取使用与结算价挂钩、举报奖励、安全责任险等一系列新政策，使得安全执法环境发生深刻的变化；各级政府安全执法和信息披露越来越严格、越来越透明，行政处罚采用顶格处理，打击力度前所未有；县级以上各级政府原则上由担任本级党委常委的政府领导分管安全生产，政府应急管理、安全管理部门人员配置实行高配强配，把安全生产工作提高到更加突出、更加重要的位置。这就要求我们安全工作的思维方式也要与时俱进，更要用法治思维、法治方式，以及更高规格、更大力度的行政力量、行政制度、行政手段，扎扎实实抓好安全、练好内功、刀刃向内、直面问题、堵塞漏洞、深化改革，切实履行好企业安全生产主体责任。"企业不消灭事故，事故就消灭企业"已不再是一句空话。

第二节 工程本身情势

现在施工总承包承接的项目工程规模、总体体量、施工难度、管理难度越来越大，专业门类、管理门类（例如信息化、绿色化、产业化、智慧化）、各级各类检查（例如政府各级巡查、抽查、环保、消防、实名制等的各种专项检查）越来越多，规范化、标准化、精细化、信息化管理要求越来越高。

第三节　建筑行业自身情况

市场化的承包、分包、外包、租赁和分配模式，错误地产生了"以包代管、只包不管、以租代管、甚至放任不管"的现象。一线从业人员年龄老化带来了管理上的弱化、作业层面事故发生概率的增大化。由于劳动力越来越少造成的"用工荒"而出现的"飞机工"，施工现场移动式起重机械、登高作业机械、土方作业机械、商品砼泵送机械、各种运输机械（包括非正规厂家生产的人员车上驾驶的电动运料车）等厂内施工机械大量增多，机械化施工水平普遍提高，专业分包单位和承包劳务作业班组大量而普遍存在等，很大程度上改变了工地上传统不安全因素的概念，增加了许多新的不安全因素，使得安全生产环境和条件发生了根本性的、质的变化。

第四节　行业当前主要矛盾

外部市场竞争压力、政府部门检查监管压力和内部求生存的动力与项目自身管理不过硬，以及管理倒退、下滑的管理能力产生了严重矛盾和不适应，这是目前施工行业的主要矛盾。表现在安全生产上，就是重大事故层出不穷，跟不上形势和企业发展的要求。这就促使政府、企业和全社会把对安全生产工作的重视程度提升到历史上从未有过的高度，也需要我们对行业形势和自身情况再审势再判断。毋庸讳言，建筑企业安全生产的风险危机四伏，我们现在确实面临不少问题，有些问题应该说还相当严重。

第五节　行业外部环境

目前，建工施工企业劳务作业人员具有高度的流动性，全国尚未形成统一、有序、规范的农民工实名制管理体系。

尤其在起重机械监管体制方面，仍然存在一些亟须解决的问题：一是政府层面没有设立专业的起重机械管理机构和管理人员。二是对制造企业出厂标准执行缺乏严格监管。三是对起重机械租赁企业专业人员、特种作业人员配备未作具体要求，未充分突出源头管控。因此，要加强对起重机械租赁、安装、维保单位的监管，确保设备在出场、转场环节的结构安全，确保定期维保质量达标。四是未严格执行对起重机械检测检验单位的监管，要解决该问题，务必要提高检测检验单位的检测水平，确保检测效果。五是未严格执行对司机、信号司索工等考核发证机构的监管，只有监管到位，才能最大程度确保持证人员掌握相应的技术能力。

此外，市场上供应的建筑材料、设备设施、劳保用品等还存在大量的假冒伪劣产品；部分地区环保"一刀切"对保

证正常的施工生产安全产生了一定影响；建设单位任意压缩
合理工期对施工安全带来较严重的威胁；等等。这些都是当
下建筑施工行业面临的外部环境。

第六节　本章小结

总之，目前全国的安全生产形势，可以用四个字来概括：
即"复杂、严峻"，突出表现为特大事故频发，隐患分布广、
数量多，危害严重。也可用"两个没有变"，即"全国安全
生产形势异常严峻复杂、任务极其艰巨、风险依然突出的基
本格局没有变；影响和制约安全生产的各方面矛盾仍未彻底
解决的严峻现实没有变"来进行概括。对此，我们要保持高
度警惕，避免思想麻痹、厌战情绪、侥幸心理和松劲心态！
切记，最大的问题是对问题缺乏警觉！

第三章

建筑施工企业安全管理亟待
解决的若干重要问题

建筑施工企业的安全管理主要有以下七大方面：

（1）安全生产责任体系及考核。

（2）安全生产组织体系及要求。

（3）安全生产监管方式及措施。

（4）安全生产检查及隐患排查。

（5）安全教育培训及宣传。

（6）事故应急管理及责任追究。

（7）施工现场安全生产标准化及推广。

针对当前建筑行业面临的新形势、新环境、新情况、新问题、新特点、新变化、新趋势、新要求、新发展理念，本着抓住事物主要矛盾和矛盾的主要方面的方法论，重点要从以下十四个方面解决好目前建筑施工企业安全生产面临的重大课题。

第一节　认清大势、识得大局，集中精力管好"安全大账"

当前，全国整个施工行业面临的安全形势同样可以用"严峻、复杂"来概括，也可用"两个没有变"来进行判断，各单位、各部门的全体员工要认清这一形势，进一步统一认识，把思想认识问题摆在首位，确保首先赢在认识的统一和思想的统一。要从政治高度、全局高度切实认识到安全生产涉及企业（包括企业下属各层级单位和项目部）的生死存亡，以及"企业不消灭事故，事故就消灭企业"这一论断的重要性。

安全生产是所有企业的安身立命之本，是企业管理工作的重要内容。安全生产的钱不能省，安全生产的人不能少，安全生产投入不足或不到位所产生的后果以及法律责任非常严重，所造成的事故直接损失和间接损失相当巨大，而且社会影响恶劣。对此我们要坚决克服掉"投机侥幸、胆大妄为、漠视规则、得过且过、不计后果"的心理；克服掉"舍不得投入、减少投入、恶性压价、压缩投入"的想法；杜绝"利益驱动、安全第二、要钱不要命"的做法；杜绝安全工作"讲起来重要，做起来次要，忙起来不要；检查之前忙一阵子，检查过后老样子，时间一长不像样子"的现象。

第二节　建立健全安全工作机制，完善工作纪律、从业规定，从制度和机制层面对安全管理工作予以保障

施工安全生产必须保证统一领导、统一指挥，专人负责指导、督促、检查。公司各层级单位负责人、项目负责人必须旗帜鲜明地首先带头执行、落实好企业安全生产责任体系的"五落实""八到位"规定（详见本章第四节），推动、组织制定并且带头落实好安全生产"五大规章制度"：（1）安全生产责任制度；（2）安全生产资金保障制度；（3）安全生产教育培训制度；（4）安全生产检查制度；（5）安全生产隐患与事故调查报告处理制度。其中，安全生产责任制度是最重要的制度。需要具体解决好安管人员、机管人员的配备，以及参加上级安全会议、组织召开安全生产会议、研究解决安全生产突出问题、监督安全生产制度落实、到岗带班、带班检查、落实全员安全生产责任，还要负责施工组织设计与主要施工方案及安全措施的策划和敲定，负责安全投入保障、安全部署与检查、安全整改、文件贯彻、迎检参检、事故报告、工作汇报、请销假、交接班、值班制、应急值守等安全管理工作。要强化"三级管理、二级管控"模式，事故隐患自查自改自报公示闭环管理方式，项目现场安全风险点和隐患排查及企业安全管理行为检查统一判定标准等清单制管理方式，采用现场检查分阶段、分时限全覆盖方式，日常检查、专项

检查与综合性检查相结合方式，按照文件贯彻落实、办理结果闭环等方式，以及精准掌握五个"凡是"工作法（如图 3-1 所示）。

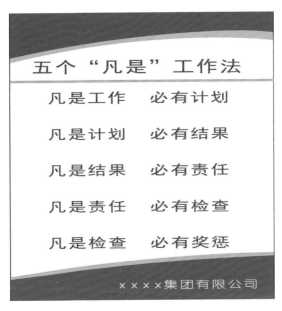

图 3-1　五个"凡是"工作法

　　要紧紧抓住各层级单位（包括项目部）一把手（包括项目实际控制人或实际负责人）、"六个"第一责任人：（1）企业负责人；（2）区域公司（专业分公司）负责人；（3）项目负责人；（4）项目技术负责人；（5）分包单位工程负责人；（6）施工作业班组负责人。尤其要让拥有人、财、物等安全资源投入权的项目实际控制人或实际负责人和劳动力调度、经济承包分配权的班组实际负责人，切实担负起第一责任人的职责,不能、不可、也不要回避责任,要静下心来,仔细审视不足,在体系、责任和能力等方面下功夫,做好"加减法"。"加"的是责任心,"加"的是科学管理,"加"的是能力;"减"的是麻木不仁,"减"的是形式主义,"减"的是风险隐患。切实把安全底线守住、管好。同时要做到条线到位、条块结合、齐抓共管,要以"目标、结果"为导向,既要抓过程,也要抓结果。在全集团公司全面形成这方面的工作规矩、工作纪律。构建建筑施工企业安全生产风险分级管控和隐患排查治理双重预防机制、领导带队检查机制、重大隐患报告机制、监管部门专业化排查隐患机制、群防群治机制、安全生产问责机制等科学的七大安全工作机制。以召开安全例会、组建微信工作群的方式,进行分析通报、考核评价,采用约谈、停职、降职等惩处方式,将受到属地政府安全、环保部门行政处罚的情形、企业内部安全考核结果与各层级单位负责人、安全总监及所在单位的绩效考核挂钩。对发现的安全隐患要按照隐患整改"五落实":落实"责任、措施、资金、时限、预案",要求整改到位,确保隐患整改件件有着落,相应层级人员必须到场复查签字,将安全检查、隐患排查、安全生产条件审查等结果与安管人员职责考核挂钩,将安全标准化管理运行情况进行动态上报,持续改进安全管理工作,建立清单管理、动态更新、闭环整改的动态调整等一系列的安全工作机制。在确保这些机制的运转方面,一把手、第一责任人是关键。安全难!安全难！老大带头就不难！只有这样，才能解决制度执行上的"宽松软"，"打通安全管理的最后一公里"，"消除执行力度逐级递减的顽疾"，避免"隐患排查整改不彻底不闭环""考核评价奖惩不认真、安全处罚怕较真怕碰硬""安全投入舍不得"等问题。

企业安全生产责任倒查及责任追究办法参考方案如下：

安全生产责任倒查及责任追究办法

第一条 为全面落实集团公司安全生产责任制，促进各级管理者依法依规履行安全生产职责，按照"管行业必须管安全、管业务必须管安全、管生产经营必须管安全""党政同责、一岗双责、齐抓共管、失职追责"的基本原则，制定本办法。

第二条 安全生产责任倒查事项包括：安全保证体系不健全；生产经营中存在重大事故隐患；发生生产安全责任事故；发生导致公司信誉或生产经营受到较大影响的事件等。

第三条 集团公司级安全生产责任倒查对象，是指地区公司、专业分公司主要负责人及其管理班子成员。

第四条 地区公司级安全生产责任倒查的对象，是指专业分公司、项目部主要负责人及其管理班子成员。

第五条 集团公司应根据安全生产责任倒查结果，及时启动相应责任追究程序。

第六条 责任追究形式包括：诫勉谈话、通报批评、经济处罚、行政处分。

第七条 诫勉谈话

1. 有下列情况之一，集团公司应对相关地区公司、专业分公司主要负责人进行诫勉谈话；地区公司应对有关专业分公司、项目部负责人及项目经理进行诫勉谈话：

（1）不按要求设置安全管理机构、不按规定配备专职安全生产管理人员（含机械管理员）。

（2）发生一般及以上生产安全责任事故。

（3）发生起重机械倒塌、起重臂断臂、施工升降机坠落责任事故。

（4）施工现场多次存在重大事故隐患，未及时整改的。

（5）被国家、省级建设行政主管部门通报批评，且造成较大影响的。

（6）生产过程中发生其他对集团公司有重大影响的负面事件。

2. 诫勉谈话一般以约谈的形式进行。约谈前3天，集团公司以书面形式通知被约谈责任单位，告知参加约谈的人员、时间、地点、需要提交或准备的相关材料、记录人员等。被约谈责任单位应在约谈后7日内将要求落实整改的情况，以书面形式上报集团公司安全生产委员会。

3. 对无故不接受约谈或不认真落实整改要求的责任单位和个人进行通报批评，并按集团公司有关规定追究被约谈人的责任。

第八条 通报批评

地区公司、专业分公司未能严格执行国家安全生产法律法规、集团公司安全生产规章制度，且情节严重的，集团公司对相关单位及责任人进行通报批评。

第九条 经济处罚

1. 集团公司对地区公司、专业分公司发生事故或在安全管理方面存在严重失职、渎职行为的，进行经济处罚，具体参照集团公司相关安全事故处罚办法执行。

2. 地区公司对项目部发生生产安全事故及安全管理中存在较大失职行为的经济处罚标准，由各地区公司负责制定，并报集团公司备案。

3. 被处罚单位或个人均不得以任何形式将经济处罚转嫁给其他单位或个人，一经发现，对责任人处经济处罚数额二倍以上的处罚。

第十条 行政处分

1. 安全生产行政处分包括：警告、停职、降级、撤职、开除。

2. 根据政府批复的事故调查报告和集团公司安全生产责任倒查结果，给予有关责任人行政处分。

3. 发生生产安全责任事故，导致集团公司安全生产许可证被暂扣或其他严重负面影响的，除按规定给予经济处罚外，集团公司还可以视严重程度，对相关责任人给予警告、停职、降级、撤职，直至开除处分。

4. 因市场行为不规范、危大工程没有专项施工方案、没审批、超危大工程专项施工方案不进行专家论证、论证后不修改、论证没通过不重新论证、不按方案施工、现场安全标准化考评不合格等原因，导致公司安全生产许可证被暂扣的，参照本办法第十条第3款对相关人员予以行政处分。

第十一条　集团公司安全生产委员会负责启动集团公司级安全生产责任倒查及责任追究，并对倒查和追究结果做出决定。

第十二条　地区公司总经理负责启动地区级安全生产责任倒查及责任追究，并对倒查和追究结果做出决定。

第十三条　公司纪检、监察、工会部门参与集团公司级安全生产责任倒查及责任追究，对失职、渎职及其他违规行为进行督察。

第十四条　本办法自×××年××月××日起生效，由集团公司安全生产委员会负责解释。

第三节　落实主体责任是做好安全生产工作的关键

企业是安全生产的主体和根本，企业主体责任不落实，安全生产就是一句空话。落实主体责任是关键、是灵魂、是要害、是"牛鼻子"。要紧紧抓住责任主体不放，企业六个安全生产第一责任人更要义不容辞、责无旁贷地扛起企业安全主体责任和总包责任，这是企业安全管理的关键之关键（如图3-2所示）。

图3-2 落实主体责任是做好安全生产工作的关键

企业要在领导层、管理层、员工层之间，建立一种分工明确、运行有效、责任夯实的安全生产责任链条，把具体责任落实到分包单位和作业班组，以确保安全责任全方位、多角度落实到位。事实上，全员参与是落实企业安全生产主体责任的最有效途径，安全主要靠的是每个人的责任心。责任心是人们的内在意识，外化为遵章守纪的行为，是法律和道德的约束。要坚决纠正"安全工作是安全员的事"这一认识误区。要明确强调安全工作不只是安全员的事，而是全方位、全员性的工作。各层级单位、部门和项目部要在如何细化、深化、实化全员安全生产责任制方面下足功夫，要牢固树立"安全第一、预防为主、综合治理"这一安全管理理念，严格执行"党政同责、一岗双责、齐抓共管、失职追责"的责任制，遵守"三个必须"："管行业必须管安全、管业务必须管安全、管生产经营必须管安全"的管理要求。做到安全生产层层负责、人人有责、各负其责、失职追责，并在树立责任意识、完善责任机制、提高责任能力上下足功夫，多出实招、真招和硬招，推动项目属地管理责任、企业主体责任、部门监管责任、项目管理责任、关键岗位人员和所有从业人员岗位责任落实、落细、落地，做到责任无盲区，依法落实公司各层各级和各部门人员安全责任清单，实行各层各级、各部门人员职责分工清单化管理和职责内容标准清单化管理，并制定可量化、可操作、可考核、可督查的具体考核措施，形成长效机制，持续抓好落实。地区公司、项目部安全管理责任清单要力求细致全面、通俗易懂、便于操作，具体可参见表3-1、表3-2。

表 3-1 地区公司安全管理责任清单

序号	管理内容	标准和要求	责任部门	责任人
1	建立健全安全管理组织	设置独立的安全生产管理部门，明确分管负责人，配备人员符合住建部和集团公司规定，专职安全员不少于2人，至少配备1名机械专业人员		
		建立地区公司安全生产、环保管控、视频监控、起重机械等管理网络体系		
		建立在建工程项目负责人、技术负责人、安全总监等主要管理人员配备汇总表		

续表

序号	管理内容	标准和要求	责任部门	责任人
2	安全责任制及管理制度建设	执行集团公司环境、职业健康安全管理制度，执行岗位安全责任制度，结合地区管理需求，制定地区公司安全生产、文明施工、环保管理、视频管理、分包管理、项目安全管理清单等管理细则、管理规定、管理流程，包括项目信息上报、检查排名、奖优罚劣等，并落实实施		
		根据当地政府规定和自身情况，有针对性地制定并与下属单位和管理部门签订安全生产责任书，定期考核、实行奖惩、分析通报，并制定改进措施		
		对下属单位发出安全主体责任告知书，要求下属单位负责人和项目负责人签订落实安全主体责任承诺书，对其承诺内容的落实情况进行检查，提出改进要求		
3	安全生产目标管理	建立在建工程一览表台账，包括辖区内所有以集团公司名义签订的总包、分包、单项专业工程、维修工程等，做到全覆盖		
		制定地区公司安全生产、文明施工、环保管理、分包管理、视频监控等年度工作目标、工作指标，确定年度创国家、省、市标化工地目标，落实到具体项目		
		按照住建部、集团公司、地区公司标准化管理要求，确定本年度推广工具化、定型化设施、安全管理行为、企业 CI 形象标准化的实施内容，并对实施情况进行检查总结		
		确定年度创建观摩交流工地项目，明确观摩等级、观摩区域、观摩及推广实施内容，观摩结束后，检查后期推广情况		

续表

序号	管理内容	标准和要求	责任部门	责任人
4	安全生产教育培训	及时主动获取和发放相关安全生产法律、法规、标准、规范、规程等，并主动自觉学习		
		制订年度区域内部安全教育培训计划，包括规范、标准、法律、法规及现场实体培训等，分岗位、有针对性地培训		
		建立安全教育培训台账，有内容、有签到、有考核、有教育培训照片、个人培训记录档案。对考核结果进行分析、改进、提高		
		地区公司对每年新进员工（主要是指地区内新招聘的大学生）必须集中培训，经考试合格后方可上岗		
		按规定开展项目经理、安全总监、安全员、技术人员等管理人员安全生产知识继续教育（内培），主要是法规、标准、规范的培训		
		落实工人"三级"教育中的集团公司级教育，主要是集团公司教育片及属地政府规定等内容，并指导、督促、检查项目部级、班组级教育培训和交底工作		
		利用会议、微信、QQ 群、简报等形式开展安全教育培训宣传和文件宣贯及有关安全提示发布		
		做好劳务实名制平台等管理		
5	安全技术管理	审核项目实施版施工组织设计、主要施工方案和安全措施、施工现场平面布置图、安全管理责任体系、安全保证措施、标准化策划、企业 CI 形象设计实施		

续表

序号	管理内容	标准和要求	责任部门	责任人
5	安全技术管理	项目危大工程清单汇总		
		危大工程实施安全管控动态信息管理台账		
		危大工程专项方案的管理资料，包括专项方案编制、内部会签、外部审核、论证、审批等		
		超危大工程实施安全管理资料，专项方案的交底、过程检查、实施后验收		
		指导项目部针对工程特点选择型号匹配的大型机械设备，确保技术性能满足施工要求。审核建筑起重机械安装告知资料（包括塔吊附墙），禁止使用国家明令淘汰、不能满足工期要求或接近使用年限的设备		
		组织对新开工项目安全总交底，明确项目管理目标、岗位安全责任，辨识危大工程及其他重大危险源，告知现场安全检查重点		
6	安全检查隐患排查	制订年度安全生产检查实施办法和计划，组织开展安全检查、隐患排查和隐患整改"回头看"，频次符合集团公司规定，做到全覆盖，督促落实重大危险源的安全管理措施，并按季度对辖区内在建项目安全生产进行考核打分排名		
		审查辖区内开复工项目安全生产条件，做出结论性合格意见后方可开复工		
		掌握在建工程安全管理机构主要人员动态信息（包括项目负责人、技术负责人、专职安全总监、安全员持证情况），监督、检查、考核主要管理人员岗位安全责任落实情况		

续表

序号	管理内容	标准和要求	责任部门	责任人
6	安全检查隐患排查	开展专项安全检查活动,包括开复工、季节性、安全月、重大节日、上级要求开展的检查活动等,如起重机械、消防、环保等专项检查		
		地区主要负责人带班检查频次符合集团公司规定,每季度不少于一次		
		重大安全隐患挂牌督办,并上报集团公司安管部、总工办;对施工现场脏乱差的项目实行重点差异化监管		
		做好安全检查台账资料,检查记录及整改复查记录齐全,隐患整改须闭环(保存整改前后图片),复查人须有复查意见		
7	安全生产资金投入	制订辖区年度安全生产资金投入计划		
		项目安全资金使用情况动态汇总		
		开展项目安全资金使用情况专项检查活动(包括现场安全防护投入实际到位情况和财务单独列支备查情况)		
8	环保管理	建立项目环保问题专项检查上报机制		
		制定项目环保问题应急处置、公关措施		
		开展项目环保措施落实专项检查行动		
		国家、属地信用管理等平台有关环保信息的维护		
9	分包安全管理	建立合格分包商名册台账,实行准入与淘汰制度;监督项目部与专业分包、劳务分包、机械租赁等分包单位签订业务合同、安全生产管理协议、临时用电协议等		

续表

序号	管理内容	标准和要求	责任部门	责任人
9	分包安全管理	建立分包单位动态信息台账，进行安全生产条件审查，包括企业三证、承包内容、项目负责人及安全员身份信息、联系方式、进退场时间等信息		
		项目分包管理情况专项监督检查，是否存在违法违规、手续不全、人员不到岗、需持证人员未持证、安全教育交底不到位、危大工程无专项方案或未按方案实施、安全检查及隐患整改不到位等情况，要掌握其进场人员信息、参与审核其危大工程专项施工方案、对不服从总包管理的分包行为要有处罚意见和凭据、对甲指分包单位不服从总包管理的，要函告建设、监理等相关单位		
		组织对分包单位进行年度评定考核		
10	事故处理和应急救援管理	事故登记台账		
		发生安全生产事故、环保问题处罚、企业诚信管理处罚的，第一时间指导项目部开展应急救援、危机处理，按照"四不放过"原则，对相关责任人进行处罚、分析原因、吸取教训和采取应对防范措施，并建立"四不放过"档案资料台账		
		辖区事故统计分析及改进措施		
		制定与集团公司、项目部相衔接的应急预案		
		指导项目部根据工程特点、施工流程，评估安全风险和可能引发事故的危害程度，建立各类事故应急预案，并督促落实应急人员、物资和装备指导、组织项目部开展应急救援演练		

续表

序号	管理内容	标准和要求	责任部门	责任人
11	起重机械施工机械管理	建立辖区内起重机械管理台账		
		自有起重机械产权证管理台账		
		起重机械租赁、安拆、维保等单位信用考核及台账		
		掌握项目起重机械动态关键作业点，安排专业人员对建筑起重机械安拆、顶升、附着作业过程进行旁站、指导、督促和验收，并留痕		
		办理项目建筑起重机械使用登记资料		
		强化对项目进场各类施工机械（含电动）的管理工作		
12	视频监控管理	辖区所有项目视频监控的组织领导、运行管理、技术支撑，包括视频策划审批安装、调试、验收、联网、审查、维保、在线、检查、考核、总结等		
		通过地区公司视频监控对项目进行日常检查，并建立监控记录和监控处置佐证台账资料		
13	安全生产会议、文件管理、信息报送	及时准确向集团公司上报视频监控月度信息和相关监控处置佐证材料		
		每月召开安全、生产例会，通报、协调、解决本地区安全生产、环保扬尘、企业诚信等管理情况和面临的问题；定期召开安全生产形势分析会，研判安全生产形势，决策安全生产重大事项，提出改进安全生产管理的建议，并做好安全、生产例会台账资料		
		召开地区安全生产领导小组月度例会、季度分析会，并做好台账资料		

续表

序号	管理内容	标准和要求	责任部门	责任人
13	安全生产会议、文件管理、信息报送	及时传达政府、集团公司安全生产文件、会议及领导讲话精神，指导项目部贯彻、落实，做好收文台账；下发上级、地区公司有关文件，做好发文台账，对辖区项目部落实文件精神进行督查，文件贯彻须闭环		
		及时准确向集团公司上报安全生产月度信息，包括按工伤类别和工种分类的各类安全事故统计数，及按隐患类型分类排查后的统计数，以便大数据采集与分析		
		及时准确向集团公司上报超危大工程关键点安全管控信息		
		及时准确向集团公司上报起重机械设备安全管理信息		
		及时向集团公司上报上级安全生产文件要求上报的有关信息		
		及时收集、汇总、整理、分析、总结、处置等安全管理台账资料		
14	持证人员管理	建立A、B、C三类人员持证管理台账。三类人员动态管理名册，含有效期、证号、岗位、在岗项目名称、复审、继续教育情况等		
		特种作业人员管理台账，特种作业人员汇总表，含工种、有效期、在岗项目名称、继续教育情况、年检复审等情况		
15	安全生产活动	组织开展"安全生产月""安康杯"等活动		
		组织观摩交流学习活动（内部或外部）		

表 3-2 项目部安全管理责任清单

序号	管理内容	标准和要求	责任科室	责任人
1	建立健全安全管理组织	建立健全项目安全生产领导小组		
		按国家规定和当地政府要求，结合工程特点，足额配备专职安全管理人员（专业分包、劳务分包单位按要求配置专职安全员，施工班组设置兼职安全员），投标时，力求中标后的备案人员与现场实际到岗到位人员一致，以确保人员岗位安全责任制的落实		
2	安全责任制及管理制度建设	协助办理安全监督手续、施工许可证，熟悉工程属地政府安全监管规定和施工现场及周边环境的隐患情况		
		制定项目安全生产、文明施工、环保管理、视频管理、起重机械、分包管理等各项管理制度，有针对性地制定安全生产实施细则		
		执行集团公司环境、职业健康安全管理制度、岗位安全责任制及地区公司实施细则，明确关键岗位人员安全职责分工、职责要求、职责考核，并组织实施		
		每年与项目管理人员、班组长、职工等签订安全生产责任书，与分包单位和分包项目负责人签订落实安全主体责任承诺书		
		认真、及时、准确、全面记好施工安全日记。项目中大事要做专门记录，各种会议记录要记录完整并存档备查，重要微信、电话、通话记录等要存档备份		
		认真做好施工现场生活区、办公区、生产区的规划、布置，落实环境、卫生、消防监管，做好食堂、办公、宿舍、农民工夜校等管理工作		
		根据当地政府规定，做好安全生产管理资料		

续表

序号	管理内容	标准和要求	责任科室	责任人
3	安全生产目标管理	制定项目达标创建目标，并上报所属地区公司		
		按照住建部、集团公司、地区公司和企业CI形象设计标准化管理要求，具体策划项目标准化方案，并组织实施，接受所属地区公司对实施情况的考核检查		
		争创各级各类观摩工地		
4	安全生产教育培训	组织开复工前复岗、转岗、换岗人员进场的全员安全教育，对新进员工进行三级安全教育，对季节变化、节假日期间的交叉作业、消防安全、交通安全、临时用电、卫生健康、工作内容环境变化等进行专项教育，并做好记录、考试、建档和教育培训效果评估分析		
		组织各工种有针对性地开展安全技术交底活动，进行详细的操作规程讲解及提示关键性安全注意事项		
		帮助、督促班组开展班前安全教育交底活动		
		确保特种作业人员持证上岗率100%		
		做好劳务实名制管理		
5	安全技术管理	组织危险源的识别、分析和评价活动列出项目危大工程清单，编制施工组织设计和危大工程安全专项施工方案，按规定程序审核、审查、专家论证		
		组织危大工程安全专项施工方案两级（管理人员、作业人员）交底、实施；执行作业人员登记制度；监督方案落实情况，制止不按方案施工作业的行为		

续表

序号	管理内容	标准和要求	责任科室	责任人
5	安全技术管理	组织现场危大工程、大中型机械设备、临时用电、重要防护设施、消防设施的验收；监督大型机械设备（塔吊、施工升降机等）定期维护保养		
		组织安管人员会同技术、施工等人员做好安全技术交底		
		建立危大工程专项档案资料		
6	安全检查隐患排查	列出项目现场安全风险点清单或危险源清单		
		列出项目隐患排查清单		
		履行项目负责人带班检查职责，组织安全生产检查、责令落实隐患整改（项目负责人每周组织安全检查，并组织开展开复工、季节性、安全月、重大节日、重大危险源、上级要求开展的检查活动等专项检查），发现重大安全隐患，立即向所属地区公司汇报		
		组织专职安全管理人员开展安全日检，形成网格化管理，明确区域责任人，制止、纠正、查处"三违"现象，发现并处置安全隐患，督查隐患整改，对整改结果进行复查，复查人须提出复查意见，隐患整改须闭环（保存整改前后图片）		
		监督现场安全措施落实情况，危大工程实施情况的全过程监督管理，并做好检查记录		
7	文明施工	施工作业区、材料堆放区与办公区、生活区应采取隔离措施，施工现场实行封闭管理		
		施工现场主要道路及材料加工区地面硬化处理，排水通畅		
		建筑材料按总平面图样堆放，建筑垃圾及时清运，做到工完料清		

序号	管理内容	标准和要求	责任科室	责任人
7	文明施工	公示标牌、安全标语、安全警示标志、宣传栏等设置规范、整齐		
		施工现场防火、防尘、防噪声、防污染、防扰民等措施到位		
		办公区、宿舍、食堂、厕所环境满足卫生要求，临时用电符合消防安全要求		
8	安全生产资金投入	制订项目安全生产资金投入计划，建立专项财务列支备查账目，并动态汇总上报所属地区公司		
		采购、验收、发放劳动防护用品，配备现场应急救援物资储备		
		采购、租赁、验收、检测、维护安全防护设施设备，推进施工现场安全生产标准化建设		
		保障施工现场安全宣传、警示标志、教育培训等法定费用的支出，营造安全文化氛围		
		安装、使用、维护工人实名制和视频监控管理系统		
		保障其他与安全生产直接相关的支出		
9	环保管理	严格执行环保"六个100%"工作标准，制定环保措施和应急处置、公关措施		
		及时做好项目环保问题应急处置及公关		
		及时向所属地区公司汇报项目环保发生的问题、处置情况和公关情况		
10	分包安全管理	及时与专业分包、劳务分包、机械租赁等分包单位签订合同、安全生产管理协议、临时用电协议等		
		建立项目所有分包单位一览表台账（含甲指分包）		

序号	管理内容	标准和要求	责任科室	责任人
10	分包安全管理	建立分包单位动态信息台账，进行安全生产条件审查，包括：企业"三证"，承包内容、项目负责人及安全员身份信息，以及联系方式、进退场时间等信息		
		监督分包单位安全管理，是否存在违法违规、手续不全、人员不到岗、需持证人员未持证、安全教育交底不到位、危大工程无专项方案或未按方案实施、安全检查及隐患整改不到位等情况，要掌握其进场人员信息、参与审核其危大专项工程专项施工方案，对不服从总包管理的分包行为要有处罚意见和凭据、对甲指分包单位不服从总包管理的，要函告建设、监理等相关单位等		
		组织对分包单位进行年度评定考核		
		及时向所属地区公司上报有关分包安全管理信息台账资料		
11	事故处理和应急救援管理	事故登记台账		
		做好事故处理和"四不放过"档案资料		
		及时、如实向所属地区公司报告安全生产事故，组织应急救援、事故处置		
		编制项目部应急救援预案，明确应急处置分工流程和危机公关措施		
		落实应急救援人员、物资、器材、车辆等		
		组织相关部门及分包负责人、作业班组长、安全员等人员参与预案学习、培训和应急救援演练、分析总结，并记录留痕		

续表

序号	管理内容	标准和要求	责任科室	责任人
12	起重机械施工机械管理	建立起重机械管理台账		
		自有起重机械产权证管理台账		
		起重机械租赁、安拆、维保等单位信用考核及台账		
		组织项目建筑起重机械设备进场验收、安拆、附着、顶升、检测、联合验收等		
		办理项目起重机械使用登记并悬挂、留存		
		加强对进场各类作业机械（含电动）作业前的验收（包括外观、安全装置、关键机构部位、吊索具等），对驾驶人员、司索人员的证件核查，加强说明书收集、年检情况、车辆合格证、保险单、吊装方案的交底、巡查等管理工作，并建立"一机一档"		
13	视频监控管理	负责监控视频策划安装、验收、联网、报备、维保、在线服务等		
		通过视频监控进行日常检查和处置，并做好监控记录和处置台账		
		及时向所属地区公司上报视频监控月度信息和相关监控处置佐证材料		
14	安全生产会议、文件管理、信息报送	组织召开项目部周安全、生产例会，研究解决施工现场安全生产、环境保护等问题，提出改进建议，制定防范措施，并建立例会台账资料		
		学习政府、集团公司、地区公司安全生产文件、会议精神，贯彻落实领导要求及具体措施，办理结果须闭环		
		建立文件收发台账		

续表

序号	管理内容	标准和要求	责任科室	责任人
14	安全生产会议、文件管理、信息报送	及时准确向所属地区公司上报安全生产月度信息，包括按工伤类别和工种分类的各类安全事故统计数，及按隐患类型分类排查后的统计数，以便大数据采集分析		
		及时准确向所属地区公司上报危大工程清单及实施节点动态管控信息		
		及时准确向所属地区公司上报建筑起重机械基础资料和动态管理信息		
		及时准确向所属地区公司上报上级安全生产文件要求上报的有关安全管理信息		
		项目安全管理信息收集、整理、分析、总结、处置等台账资料		
15	持证人员管理	建立 A、B、C 三类人员持证管理台账。三类人员动态管理名册，含有效期、证号、岗位、在岗项目名称、复审、继续教育情况等		
		特种作业人员管理台账，特种作业人员汇总表，含工种、有效期、在岗项目名称、继续教育情况、年检复审等情况		
		向所属地区公司上报有关持证人员管理台账资料		
16	安全生产活动	组织开展"安全生产月""安康杯"等活动		
		组织观摩交流学习活动（内部或外部）		
		组织开展项目安全文化建设、达标创建及按国家、地方政府、集团公司、地区公司有关要求开展的安全生产活动。向所属地区公司上报有关安全活动台账资料		

第四节　做好安全生产工作，重在落实

安全生产一分部署，九分落实。

俗话说，成功在于马上就办，落实到位是保障安全生产的前提和基础，是企业安全生产的基石。否则，一切无从谈起，这就要求我们切实做到"五落实""八到位"和"五个化"。

"五落实"：（1）必须落实"党政同责"要求；（2）必须落实安全生产"一岗双责"；（3）必须落实安全生产组织领导机构；（4）必须落实安全管理力量；（5）必须落实安全生产报告制度。

"八到位"：（1）专职安管人员配备到位；（2）安全职责分工落实到位；（3）安全培训教育到位；（4）安全生产投入到位；（5）隐患整改治理到位；（6）安全管理到位；（7）标准化建设到位；（8）应急处置到位。

"五个化"：（1）企业主体责任具体化；（2）风险辨识管控精准化；（3）企业达标贯标持续化；（4）安全隐患排查常态化；（5）安全培训教育全员化。

上述内容是加强安全管理的基础性工作，做好这些工作，才能确保安全生产。

第五节 全面培养和建设一支想干、能干、敢干的安全生产管理队伍

全面培养和建设一支想干、能干、敢干的安全生产管理队伍，切实提高安全管理能力和应急处置能力，提升整体管理水平，解决好队伍建设力度不够、日常管理不严格问题。要努力打造一支热爱本职工作，具有安全意识、责任意识，专业能力强，会沟通、懂管理，擅创新、组织纪律严，考核奖惩认真，综合素质高的安管队伍。公司在提拔任用各级安全领导干部时要坚持以下"四不"标准（如图3-3所示）。

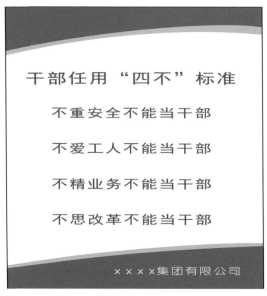

图3-3 干部任用"四不"标准

　　严禁不懂、不会、无证人员进入安管队伍，严把队伍准入关。要重点加强基层一线安管队伍建设，健全职业人员的培养、准入、使用、待遇保障、考核评价和激励机制。多渠道招聘和培养人才，尤其变"要人才"为内部"培养人才"，通过多层次、多渠道、多形式的培训和学习，采用对年轻人的传、帮、带等手段，以及出台政策、鼓励安管人员尤其是年轻人参与国家注册安全工程师的考试与拿证的方式，不断满足安全生产对安管人才的需要。要不断加强安全生产的队伍建设、体系建设、条件和能力建设，全集团公司要实行安全总监制，进行垂直或双重管理，并且实行总监分级与薪酬待遇挂钩制，每年要评选出集团公司级优秀安全总监，并要加强对安管人员的管理，严格规范安管人员执业行为，严肃惩处有关违法违规违纪人员，并向全集团公司通报。在日常、应急、应对等安全管理工作中，对公司各级决策部署贯彻落实不力的，对不服从统一指挥和调度，本位主义、形式主义、官僚主义严重的，对不敢担当、作风浮夸、工作懈怠、推诿扯皮的，对弄虚作假、欺上瞒下的，发现一起严肃查处一起，追究直接责任人的责任，情节严重的，还要对其所在单位党政主要领导进行问责，并可实行与经营管理团队当年个人总收入挂钩的方式进行经济处罚。对地区公司、专业分公司、项目部专职安全总监、安全员激励和考核管理办法参考方案如下：

专职安全总监、安全员激励和考核管理办法

第一章 总则

第一条 为进一步加强全集团公司专职安全生产管理人员队伍建设，完善安全人员激励和考核制度，提高安全监管效能，促进企业安全生产、平安发展，按照考核要考少、考精、考重点、考在实处的原则要求，制定本办法。

第二条 地区公司、专业分公司及项目部的专职安全总监、安全员岗位职责、薪酬发放和工作考核，适用本办法。

第三条 全集团公司专职安全生产管理人员的管理与考核坚持双重管理、分级负责、奖优罚劣的基本原则。

第四条 地区公司总经理、专业分公司经理对本单位的安全生产工作全面负责。

第二章 专职安全总监、安全员职权

第五条 全集团公司专职安全总监、安全员，是指取得国家注册安全工程师、省级建设行政主管部门安全生产管理考核合格证书，在集团各级公司及项目从事安全生产管理工作的专职人员。

第六条 集团公司将专职安全生产管理人员纳入人才培养计划，并逐步建立集团公司安全管理后备人才库。

第七条 全集团公司专职安全生产管理人员必须具备与岗位相适应的安全生产知识和事故隐患治理能力，并接受上

级部门的管理与考评。

第八条　全集团公司专职安全生产管理人员应依法履行下列职责：

1. 组织或者参与拟订本单位安全生产规章制度、操作规程和生产安全事故应急救援预案。

2. 组织或者参与本单位安全生产教育和培训，如实记录安全生产教育和培训情况。

3. 督促落实本单位重大危险源的安全管理措施。

4. 组织或者参与本单位应急救援演练。

5. 检查本单位的安全生产状况，及时排查生产安全事故隐患，提出改进安全生产管理的建议。

6. 制止和纠正违章指挥、强令冒险作业、违反操作规程的行为。

7. 督促落实本单位安全生产整改措施。

8. 国家法律法规及集团公司文件规定的其他安全生产职责。

第九条　集团公司各级安全总监应组织或参与本单位安全生产相关会议，在依法对本单位及下属单位实施安全生产监督时，具有以下权力：

1. 停工权：组织开展各类安全检查、项目开复工条件审查时，对不符安全生产条件的项目有权责令停工。有权纠正违反安全生产法律法规、集团公司安全生产规章制度的决定和行为，并及时向所在单位主要负责人报告。

2. 处罚权：有权对违反安全生产法律法规、集团公司安全生产规章制度行为的相关单位、相关责任人提出处罚意见。

3. 考核权：组织并参与安全绩效考核。

4. 提名权：有权对下属单位选拔安全负总监、人员配备、表扬、表彰提出建设性意见。

5. 否决权：对本单位承（分）包队伍、劳务作业班组的选择、准入、等级评定，安全生产考核及评先评优有权行使"一票否决权"。

第三章　专职安全总监、安全员的激励

第十条　各单位应对专职安全生产管理人员的管理、激励措施等进行改革，切实提高专职安全生产管理人员执行国家安全生产法律法规的政治地位、专职监督的职务地位和个人收入的经济地位。

第十一条　集团公司各级（单位）安全总监应享受本单位副经理岗位的行政待遇。

第十二条　集团公司对工作负责、勇于担当、成绩显著、为集团公司安全发展做出突出贡献的专职安全生产管理人才优先提拔任用。

第十三条　各单位对认真履责的专职安全生产管理人员的基本薪酬，应高于本单位平行岗位其他人员基本薪酬的5%～20%，以提高其一定的经济待遇。

第四章　专职安全总监、安全员考核及薪酬

第十四条　集团公司负责组织对地区公司、专业分公司

安全总监的年度考核，集团公司考核权重占60%，被考核人所在单位考核权重占40%。

第十五条 地区公司负责组织对区域内项目部专职安全总监、安全员的考核。

第十六条 集团公司及所在单位对地区公司、专业分公司安全总监的考核以结果为主导，适当兼顾过程进行考核，考核内容及标准参见附表1。

第十七条 地区公司和专业分公司安全总监根据考核得分，按照"幅度管理"和"四舍五入"原则做上下浮动后发放考核工资：

1. 考核得分排名前20%的，按照本人基本薪酬上浮30%发放考核工资。

2. 考核得分排名后10%的，按照本人基本薪酬下浮30%发放考核工资。

3. 其他人员，按照本人基本薪酬100%发放考核工资。

发生生产安全事故的，集团公司依据相关安全事故处罚办法，对责任单位进行经济处罚，责任单位将经济处罚分解到人时应酌情考虑安全总监考核工资已经下浮部分。

第十八条 地区公司对所属项目部专职安全总监、安全员进行考核，应从项目安全生产制度体系及运行、教育培训、重大危险源监管、安全监督等方面考核，参见附表2。

第十九条 地区公司根据情况确定项目部专职安全总监、安全员考核工资的提取标准，并参照以下标准发放：

1. 考核得分在 80 分及以上，按照本人考核工资上浮 20% 发放。

2. 考核得分在 70～80 分（不含 80 分）之间，按照本人考核工资的 100% 发放。

3. 考核得分在 70 分（不含 70 分）以下，按照本人考核工资下浮 20% 发放。

第二十条　地区公司、专业分公司安全总监的考核工资由所在单位财务部门负责提取，并根据集团公司安委会考核确定的结果转账发放。

第二十一条　地区公司所属项目部专职安全总监、安全员的考核工资，由地区公司财务部门负责提取，区域公司财务部门根据地区公司安全生产领导小组考核确定的结果转账发放。

第二十二条　项目部专职安全总监、安全员考核工资坚持"奖优罚劣、奖罚平衡"原则。特殊情况下，若年度有结余应转入地区公司奖励基金；余额不足的，应经书面报请集团公司安全生产委员会同意后，在地区公司奖励基金中列支。

第五章　附则

第二十三条　集团公司安全生产委员会负责专职安全总监、安全员的管理、激励、考核的归口管理。

第二十四条　集团公司人事部和安全部负责地区公司、

专业分公司安全总监考核组织工作，人事部负责统计传递考核结果。

第二十五条　本办法自××××年××月××日起实施，由集团公司安全生产委员会负责解释。

附表1：《地区公司、专业分公司安全总监考核表》

附表2：《项目部专职安全总监、安全员考核表》

附表1　地区公司、专业分公司安全总监考核表

序号	考核内容	要　求	打分标准	实得分
1	安全事故（20分）	杜绝亡人事故	发生安全事故被住建部通报，每次扣10分；造成公司被暂扣许可证，每次扣20分	（以集团公司安委会审核确定的结果为依据）
2	创建目标（10分）	完成集团公司年度创建目标	未完成集团公司安全文明创建目标，每少一个扣2分	
3	信用管理（10分）	不发生安全、环境保护失信事件	发生安全、环保处罚被信用中国网站、省级网站通报的每起扣1分，未及时修复扣2分，造成较大影响扣5分	
4	标准化考评（10分）	项目安全生产标准化考核全面达标	项目安全生产标准化考核不合格，每个项目扣2分	

续表

序号	考核内容	要　求	打分标准	实得分
5	所在单位安全基础管理（20分）	安全管理制度健全、安全责任制落实到位；安全工作思路清晰，能够创新管理且取得实效。专职安全管理人员配备、教育培训、安全例会、危险性较大分部分项工程监管及实施、安全检查及隐患整治、施工现场安全标准化、环境保护等符合国家规定和集团公司要求	管理较好：15～20分	
			管理一般：7～14分	
			管理较差：7分以下	
6	责任担当（10分）	在困难面前不回避，在突发事件面前主动担当，能妥善应对处置各种突发事件	较好：7～10分	
			一般：4～7分	
			较差：4分以下	
7	工作能力（10分）	具有较强的个人业务、组织领导、协调处理能力，工作务实、作风过硬	能力较强：7～10分	
			能力一般：4～7分	
			能力较差：4分以下	
8	廉洁自律（10分）	严于律己，不吃拿卡要，清正廉洁，执行集团公司相关管理制度	较好：7～10分	
			一般：4～7分	
			有违反：4分以下	
	总分			

地区公司（专业分公司）名称：　　　　安全总监：

备注：1.考核组成员只需要对各分项打分，总分由工作人员汇总；2.本评分表为无记名打分。

附表 2 项目部专职安全总监、安全员考核表

项目部名称： 专职安全总监、安全员：

序号	考核内容	要 求	打 分 标 准	实得分
1	安全事故（20分）	杜绝亡人事故	项目发生安全事故被住建部通报，每次扣10分；造成集团公司被暂扣许可证，每次扣20分	
2	项目创建目标（20分）	完成地区公司（专业分公司）年度创建目标	未完成地区公司（专业分公司）下达的安全文明创建目标，扣20分	
3	信用管理（10分）	不发生安全、环境保护失信事件	发生安全、环保处罚被信用中国网站、省级网站通报的，扣10分	
4	标准化考评（10分）	项目安全生产标准化考核全面达标	项目安全生产标准化考核不合格，扣10分	
5	项目安全生产制度体系及运行（5分）	参与编制项目职业环境、健康安全管理制度、责任制、安全操作规程、生产安全事故应急救援预案，并监督实施	体系及运行健全：4.5～5分；体系及运行基本健全：3.5～4.4分；体系及运行不健全：3.4分以下	
6	教育培训（10分）	组织或参与项目"三级"安全教育及各类安全教育培训工作。督促班组开展班前安全活动，确保班组安全活动的及时性和有效性	培训效果好：9～10分；培训效果较好：7～8分；培训效果一般：6分以下	

续表

序号	考核内容	要　　求	打 分 标 准	实得分
7	重大危险源监管、安全监督及隐患排查（20分）	执行《危险性较大分部分项工程安全管理规定》，参与项目危大工程安全专项施工方案专家论证。参与项目安全技术交底。参加危大工程实施过程验收，对超规模的危大工程实施过程旁站监督；参加项目定期检查和季节性安全检查；开展每日安全巡查，及时排查生产安全事故隐患，并提出改进项目安全生产管理的建议；施工现场存在事故隐患时，能及时责令纠正和整改，对重大事故隐患能及时下达停工整改决定，并督促做好事故隐患整改、验证闭环管理工作等	项目重大危险源监管及隐患排查整改工作较好：18～20分	
			项目重大危险源监管及隐患排查整改工作一般：14～17分	
			项目重大危险源监管及隐患排查整改工作较差：13分及以下	
8	工作能力与责任担当（5分）	具有较强的个人业务、组织协调处理能力，工作务实、作风过硬。在困难面前不回避，在突发事件面前主动担当，能妥善应对处置各种突发事件	能力与担当意识较强：4.5～5分	
			能力与担当意识一般：3.5～4.4分	
			能力与担当意识较差：3.4分以下	
总分				

　　备注：1. 考核组成员打分，总分由工作人员汇总；2. 本评分表为无记名打分。

第六节　提升"两个能力"：防范事故发生的能力和事故发生后的应急处置能力

安全生产工作有两大主要任务：一是事故发生前的风险管控；二是事故发生后的应急救援。国务院第 708 号令颁布了《生产安全事故应急条例》，各单位负责人和项目负责人及安全负责人应对突发事件，要深入地思考总结出一套适合当地、适合自己的应急处理方法，力争将负面影响和损失降到最低。

各单位每开辟一个市场，每开拓一个陌生的区域，每开始一个新的项目，必须积极主动地与所在地政府安检、环保、应急管理、公安派出所以及官方、民营媒体等部门和人员建立起良好的工作沟通关系，做好应急处置的必要的前期准备和基础工作。万一发生事故，要想到怎么在第一时间救人，比如是否配有自备车辆、是否掌握拨打 120 的技巧、是否掌握当地政府事故调查处理流程和危机公关措施等。同时也要对事故当事人是否喝酒、违章、身患疾病等情况有所掌握，还要准确评估相关事故是否为超出自救能力的重特大事故，做好场内保护、现场封锁、人员隔离、信息保密工作。规范媒体进行客观、准确的报道，做好舆论引导工作，比如审查事故责任描述是否有模糊边界等。做到冷静应对、积极处理、有效应急、科学处置，防止事态的发展和社会负面影响的扩大，尽最大努力控制、减少乃至消除事故发生后的各类损失及不利影响。

关于事故发生前的日常风险管控工作，可参考图3-4、图3-5、图 3-6 中的公示牌、告知牌。

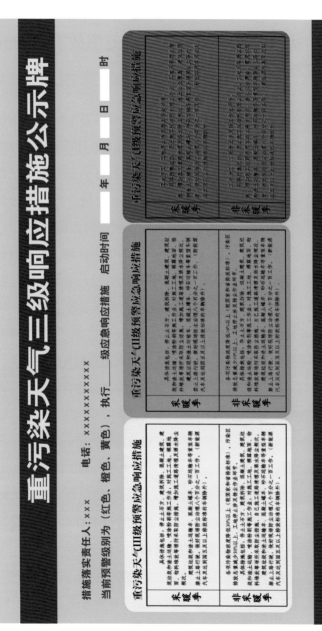

图 3-4　重污染天气三级响应措施公示牌

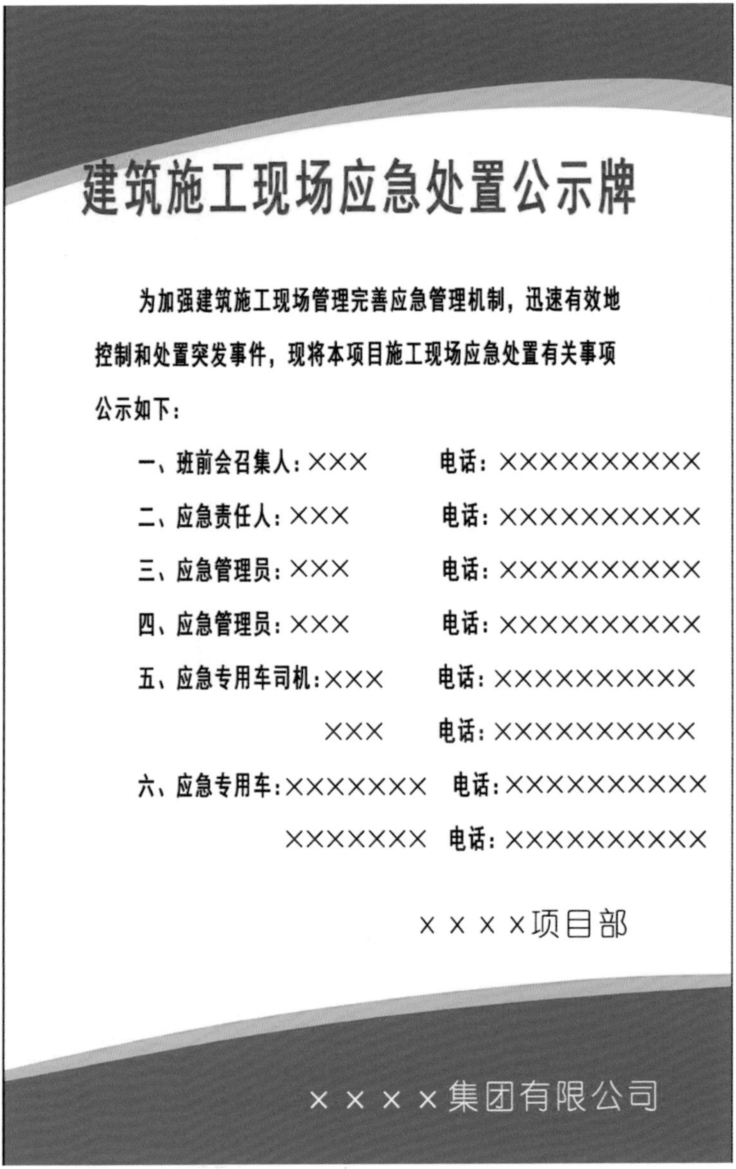

建筑施工现场应急处置公示牌

为加强建筑施工现场管理完善应急管理机制，迅速有效地控制和处置突发事件，现将本项目施工现场应急处置有关事项公示如下：

一、班前会召集人：×××　　　　电话：××××××××××

二、应急责任人：×××　　　　　电话：××××××××××

三、应急管理员：×××　　　　　电话：××××××××××

四、应急管理员：×××　　　　　电话：××××××××××

五、应急专用车司机：×××　　　电话：××××××××××

　　　　　　　　　　×××　　　电话：××××××××××

六、应急专用车：×××××××　电话：××××××××××

　　　　　　　×××××××　电话：××××××××××

　　　　　　　　　　　　×××项目部

×××× 集团有限公司

图 3-5　建筑施工现场应急处置公示牌

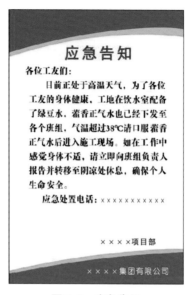

图 3-6　应急告知

　　平时也要加强对突发事件应急公关管理、突发事件应急管理中的政府关系、突发事件应急公关管理中的公众客户关系等方面的公关要点进行学习和研究，并注意收集、总结同行兄弟单位处理应急事件的经验，丰富增强这方面的知识和能力。

第七节　抓好安全教育培训和企业安全文化宣传

　　安全生产必须要有三大措施来保证，即管理措施、技术措施和教育措施。职工安全教育培训宣传是提高职工的安全生产意识，丰富安全生产基础知识（应知应会）和掌握安全生产技能的有效方法，是一种投入最低、收效最快、效果最好、关口前移的办法，也是推广安全文化的最重要措施。它能从根本上提高员工的自防、自保和自救的能力，能够帮助员工树立"岗位安全我负责""安全是员工的生命线、员工是安全的负责人"等意识。安全教育培训宣传是一项长期性、复杂性、多形式、高频次的活动，要持之以恒地开展，才能让每一位管理人员立责于心、担责于行，让每一位施工作业人员将其内化于心、外化于形。当前，抱怨招工难和员工素质低的声音很多，但这样并不解决问题。这就是当前的现实，企业各层级管理人员最应该做的就是安排好培训教育，尤其是上好开复工安全第一课。

除了对员工进行基本的安全培训（作业许可、受限空间和应急反应等方面），还要开展详细的岗位操作规程培训，必须帮助他们掌握针对具体实操问题的解决办法。项目安全文化、企业安全文化是安全工作软实力的体现，是培根铸魂的需要。宣传教育培训进入人的脑子里，而文化则深深融入人的骨子里。正如国家提出的两个第一，分别叫"百年大计，质量第一"和"安全生产、预防第一"，早已融入我们每个人的骨髓里。我们要在这方面尝试并创造出一些独特的安全文化，形成安全工作的"双引擎"。例如，倡导企业的核心文化之一是全员安全，就是企业里的每个人都是安全员，每个人都对相应的工序和岗位的安全负责。人的安全问题解决了，企业的安全就有保障了。创立"安全就是责任、安全就是管理、安全就是技术、安全就是文化、安全就是效益、安全就是幸福"的基本安全理念；提出安全生产管理"没有局外人，都是责任人"的企业要求；树立"全员教育培训不到位是重大安全隐患""隐患无处不在，成绩每天归零"的意识。总结宣传安全工作的好经验、好做法、管理精髓、精辟金句（如图 3-7 所示）。

图 3-7　宣传安全工作公示牌

在具体措施方面，可以选择设立"企业级或地区公司级安全警示教育日"，播放一些安全事故警示片、安全教育宣传片，请法律专家剖析讲解一些根据《中华人民共和国刑法》第一百五十三条、第一百五十四条进行刑事定罪的典型安全事故案例；还可以分析、讲解公司内部发生的事故案例，设立企业自己的设备管理月，以及建立自己的安全网站，出版和发行企业安全文化手册，自行制作一些安全管理专题片、示范工地影片、微视频情景教育短片以丰富宣传教育题材。通过企业安全网站、OA平台、微信工作群、微视频、手机直播、微博、新闻客户端等多种渠道，进行安全教育培训。项目开工或复工进场教育之日或"安全月"之初或每天晨会之时开展"安全宣誓"、安全签名活动，宣誓词可参考图3-8、图3-9、图3-10。

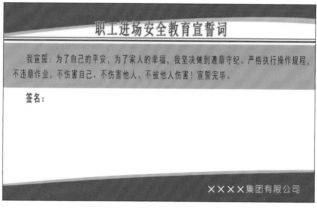

图3-8　职工进场安全教育宣誓词

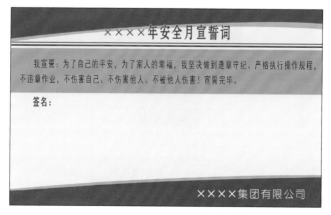

图3-9　安全月宣誓词

图 3-10　班前会宣誓词

在项目施工过程中可以成立项目安全纠察队，劳动保护队、党员示范带动队、青年志愿者服务队等，建立奖励举报制度（参考图 3-11），开展行为安全积分、行为安全之星、平安班组评比，"安康杯"等活动，尤其在安全管理难度大的"超深、超高、超规模"的"三超"工程中，开展上述活动尤为重要。

图 3-11　安全问题举报公示牌

除了安全文化宣传，还要关心职工身心健康等，将安全文化阵地向一线班组和工作现场延伸，让职工思想从"要我安全"向"我要安全""我会安全""我能安全"转变，让警示教育常态化、安全文化入人心，形成浓厚的全体员工自觉、严格遵守安全生产规章制度的安全文化氛围。

第八节　确保项目安全是企业生产安全的基础和根本

安全在现场、质量在现场、经营在现场、核心竞争力也在现场，抓好项目安全生产是企业安全管理的根本点、落脚点，安全工作的一切出发点和着力点都在施工现场。地区公司可对辖区项目部实行内部安全保证金、创建统筹金等制度。检查项目的安全管理体系、保障安全工作机制的运行、规范员工的安全行为、排除实体安全的隐患是我们工作的重中之重，既要做到分级管控，又要做到直击现场、一竿子插到底，通过核查核验，做到点面结合。

项目部负责人要从每一个管理细节着手，突出关键环节和重点工作，针对人的不安全行为、物的不安全状态、环境的不安全条件、管理上的缺陷四大方面，从实、从严、从细管好现场安全文明施工。而且更要在细化项目施工人员的安全生产责任、落实过程与结果考核措施方面下足功夫。比如将考核结果与员工的"票子、面子、帽子"等挂钩，激发员工参与安全生产的积极性和主动性，这样才能促使大家齐心协力做好安全工作，避免"踢皮球"现象的发生。项目部关键岗位人员重要安全职责清单可参考图 3-12。

图 3-12 项目部关键岗位人员重要安全职责清单

项目现场安全管理可按以下标准进行分类，做到分工明确、责任明确、考核明确：（1）机械设备管理类；（2）临边防护和安全"三宝"管理类；（3）临时用电和消防管理类；（4）危大工程管理类；（5）安全三级教育和安全资料管理类；（6）分包及劳务管理类。

项目安全生产管理工作要始终做到的"四个坚持"：（1）坚持法规性管理，即坚持按法规、规范、规程、标准进行施工；（2）坚持预防性管理，即坚持事先从技术的角度、从源头上对安全专项方案进行风险预防和管控；（3）坚持过程性管理，即坚持自始至终对安全工作进行全过程的监控管理，重点是对人的管理；（4）坚持协调性管理，即坚持积极主动地做好参建项目各方（包括政府部门）的协调配合工作，确保工程的顺利与安全。

项目安全生产要做到"六个绝不"：（1）安全条件不具备绝不施工；（2）施工准备不充分绝不施工；（3）施工人员未经安全教育交底绝不施工；（4）材料用品未经检验或检验不合格绝不施工；（5）隐患排查未清零绝不施工；（6）危大工程未经验收合格绝不进入下道工序施工。

项目安全生产"六个100%"工作标准如图3-13所示。

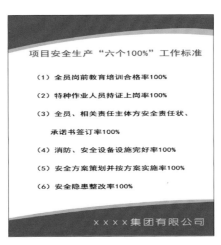

图3-13　项目安全生产"六个100%"工作标准

地区公司每月可对上述数据进行审查，同时按相关分类要求统计后，上传至集团公司项目大数据中心平台，确保项目现场安全生产评定合格率100%，并可开展大数据分析。

项目施工现场安全管理"十条禁令"如下：

（1）严禁危险性较大的分部项工程不编制专项方案。

（2）严禁工人未经入场安全教育即上班。

（3）严禁特种作业人员无证上岗。

（4）严禁围墙拆除、防护设施拆除、动火、高空、受限空间内作业及起重吊装等未经许可即作业。

（5）严禁起重机械安全装置缺失。

（6）严禁起重机械未经验收即使用。

（7）严禁卸料平台超载。

（8）严禁临边、洞口无防护。

（9）严禁高处作业人员未系挂安全带。

（10）严禁不记录安全监督日志。

第九节　紧抓安全管理工作实质，深入推进施工现场安全生产标准化建设、提高安全投入、保证项目安全生产条件

项目开工前要强化安全方案和标准化方案的策划。《安全生产法》第十七条规定：生产经营单位应具备本法和有关

法律、行政法规和国家标准或者行业标准规定的安全生产条件，不具备安全生产条件的，不得从事生产经营活动。

生产经营设备、防护设施等投入是保障安全生产的前提和基础，不断推进安全生产标准化，提高和完善安全生产条件，是实现本质安全的根本所在。抓住了安全生产条件这一环，就是抓住了安全管理工作的实质。企业要建立和推行安全生产条件审查制度，尤其对开复工项目施工中的安全管理责任体系、安全保障措施、主要施工方案、施工现场平面布置图样（符合防火规范和塔吊防碰撞等的安全技术要求，以及符合经济、安全、方便、高效原则）、企业 CI 形象设计落实执行、危大工程清单和现场开复工实施的"八个必须"进行严格审查。这"八个必须"是指：必须制定开复工方案和落实安全责任制；必须召开安全专题会议；必须进行全员安全教育培训和安全交底；必须开展风险隐患排查"清零行动"；必须进行设备检查；必须严格危险作业防控；必须加强外包施工安全管理；必须制定应急处置预案，对必备的安全生产条件进行关口前置审查，实行全过程的公司内部提格介入管理，强化地区公司对项目安全的监管能力。

项目隐患排查清单参考分类如表 3-3 所示。

表 3-3　项目隐患排查清单

序号	隐患清单名称	序号	隐患清单名称
1	基坑安全隐患排查清单	3	安全防护隐患排查清单
2	施工用电隐患排查清单	4	脚手架隐患排查清单

序号	隐患清单名称	序号	隐患清单名称
5	塔式起重机隐患排查清单	12	施工机具隐患排查清单
6	附着式升降脚手架隐患排查清单	13	悬挑式脚手架隐患排查清单
7	机电施工隐患排查清单	14	悬挑卸料平台隐患排查清单
8	落地式脚手架隐患排查清单	15	装饰装修隐患排查清单
9	生活区隐患排查清单	16	电动吊篮隐患排查清单
10	落地卸料平台隐患排查清单	17	场内机动车安全隐患排查清单
11	模板支撑体系隐患排查清单	18	其他安全隐患排查清单

项目开复工安全生产条件审查办法可参考下文：

项目开复工安全生产条件审查办法

第一条 集团公司所有承建的总承包工程在项目开复工前，地区公司应抓住安全管理工作实质，依据本办法进行项目安全生产条件审查。

第二条 地区公司依据项目规模、工程特点、合同要求等情况，对项目市场行为、安全保证体系、安全资金投入、安全技术保障、大型机械设备等逐项进行审查，具体内容见《项目开复工安全生产条件审查表》。

第三条 属地政府主管部门对项目开复工安全生产条件的其他要求，应在《项目开复工安全生产条件审查表》"其他审查条款"中进行审查。

第四条 项目开复工前，地区公司职能人员应依据本办法，对项目进行安全生产条件审查，做出结论性意见，并签字确认，关口前置确保项目本质安全。

　　第五条　项目开复工后，项目安全生产条件发生重大变化的，原审核人应对变化内容重新审查，做出结论性意见，并签字确认。

　　第六条　项目安全生产条件审查合格后，方可开复工。审查不合格的，审查人员应督促整改到位，重新审查合格，方可开复工。

　　第七条　审查人员对审查结果负责，对审核不严导致的后果承担责任。若因此导致行政处罚、生产安全事故等较大负面影响的，集团公司将进行安全生产责任倒查和责任追究。

　　第八条　地区公司应在每月初，将《项目开复工安全生产条件审查表》扫描件上传集团公司项目大数据中心平台（包括重新审查表），作为项目安全生产评定是否合格的重要依据。

　　第九条　本办法自××××年××月××日起实施，由集团公司安全生产委员会负责解释。

项目开复工安全生产条件审查表

一、工程概况				
建设单位				
项目名称				
项目地点				
结构层次	建筑面积	结构形式		工程造价
专业分公司	项目负责人			项目负责人电话

续表

二、项目开复工安全生产条件审查				
审查内容		审查情况	审查结论	地区公司审查人员签字	
项目市场行为	项目前期手续			经营负责人	
	合同条款合规性、承（分）包队伍尽职调查及准入				
	施工许可证、安监手续			安全总监	
安全保证体系	项目经理			技术负责人	
	技术负责人				
	专职安全生产管理人员（含机械管理员）			安全总监	
	安全制度、责任制、安全教育培训等，并交底签字、签到				
安全资金投入	安全资金计划、财务账目单独列支备查审核			财务负责人	
安全技术保障	实施版施组、危大工程清单及安全专项方案			技术负责人	
	安全技术总、单项交底				

续表

审查内容		审查情况	审查结论	地区公司审查人员签字	
大型机械设备	塔吊（型号、厂家、年限、使用登记证等）			安全总监	
	施工电梯（型号、厂家、年限、使用登记等）				
其他审查条款	例如：视频监控安装、联网、在线等				
地区公司总经理审核结论：			签字：	日期：	

注：1.本表一式两份，地区公司和项目部各留一份；2.审核结论填"符合"或"不符合"；3.未审查、审查未上报集团公司视为未审查，将按集团公司相关制度进行处罚。

当前，在安全投入领域有三个方面的事情值得大家注意：

（1）各单位负责人、项目负责人不能无原则地追求经济利益，能敷衍则敷衍，在购买安全设备设施时，一而再、再而三地压价，结果买到的是质量得不到保证的劣质产品、非标准产品、冒牌产品、改装套牌产品；不得将劳保用品采用打包方式承包给班组，买到的往往是不合格的劳保用品等，从而无法从根本上保证安全。

（2）建筑行业相关设施设备、建筑材料的供应与租赁，由于大量黑心厂家、黑心供应商、黑心租赁商的存在，所供货物不合格造成安全事故的情况大量存在。例如：不合格的或质量差的塔吊，在其本身的设计、制造等环节存在的缺陷是造成塔吊事故发生的原因之一。当前，因为制造业产能过剩，导致市场竞争激烈，一些设备生产厂家极力降低产品成本，偷工减料，造成产品先天不足，使故障和事故频发。例如：非标钢管；劣质安全"三宝"；严重锈蚀的、过期的装置；部件串用、调用、乱用的租赁设施设备；等等。质量不合格的成品或半成品同样大量存在。例如，降一个等级供应的商品砼、不合格钢筋、偷工减料的工程预制桩等。

（3）针对上述情况，各单位负责人和项目实际控制人、实际负责人在进行安全投入时务必牢固树立"安全第一"的意识，通过行业资深专业技术人员和采购人员了解需要购买的产品，尽量购买知名度高、质量可靠、服务有保证的产品。涉及关键环节的部件产品尽量见面交易。

建筑施工企业要根据住建部《房屋市政工程安全标准化指导图册》《工程质量安全手册》《工程项目施工人员安全指导手册》、企业各自制订的施工现场标准化图册和管理与考核办法及项目现场标准化设施、设备必备、推荐项清单来大力推行标准化建设。这既是企业实现项目本质安全的重要途径，也是企业核心竞争力的重要体现，更是企业转型升级的重点工作。通过项目安全管理行为标准化建设和施工现场安全生产实体标准化建设，以及项目现场管理的创新，不断促进项目安全投入，保证项目安全生产条件，纠正标准化建设就是安全防护工具化、定型化这一认识误区，最终实现项目本质安全，提升项目形象和企业形象。

第十节　强化建筑起重机械、起重吊装作业安全管理

随着我国工业化和城镇化建设的不断发展，建筑越来越向高、大、深的新颖结构拓展，建筑施工机械化水平不断提高，对建筑施工机械的需求逐年加大，特别是在一些大型建设施工项目中，许多新技术、新工法、新工艺的应用都以起重机械和垂直运输机械为依托，建筑起重机械设备在大型房屋建筑及市政基础设施工程中发挥着重要的作用。然而，近年来在一些施工现场，由于这一方面市场化的服务外包主体太多、太复杂，机械专业管理人员普遍缺少，企业安全生产主体责任和总包责任落实不够，安全管控不到位，导致起重机械及起重吊装事故居高不下，给建筑业的安全生产造成极大负面影响。根据住建部房屋建筑及市政基础设施工程生产安全事故情况通报统计：

（1）建筑行业是安全生产高危行业，而起重机械和起重吊装是高危中的高危，其引发的较大及以上事故起数和死亡人数，在各类危大工程事故种类中排名第一。

（2）塔吊引发的较大及以上事故起数和死亡人数占比均超过50%。

（3）每年平均发生较大及以上生产安全事故次数最多的是塔吊。

（4）每次平均死亡人数最多的是施工升降机（因为人员

比较集中）。

（5）塔吊事故发生在使用阶段事故数最高；其次是安拆阶段。

（6）施工升降机使用过程是事故高发阶段。

上述事故原因综合分析：

（1）责任主体太多、太复杂（包括生产厂家、产权单位、租赁单位、安拆单位、维保单位、使用单位，外包司机、信号司索工，甚至还有总包单位外包司机、班组自带信号司索工等），机械专业管理人员普遍缺少。

（2）使用过程发生事故的原因：实体存在隐患多、作业人员违规操作多（违章指挥、违反程序）是使用过程中发生事故的"两大杀手"。

（3）安装拆卸事故发生的主要原因：关键是专业管理人员的安全意识不够，安全责任心缺乏，专业技能（各种需要计算的未进行力学计算）、管理能力、执行力不足，综合素质不高，未能很好地组织、指导操作人员操作。

这一方面的管理现状突出表现为"三差"和"两多"。

"三差"：

（1）管理者（机械管理人员、技术管理人员、安全监管人员）管理能力差，起不到实质作用。

（2）操作者（安装拆卸人员、操作司机、信号司索人员）技能差。

（3）设备质量差。

"两多"：

（1）实体隐患多。

（2）违规操作多。

这就造成了发生事故多的结果（较大及以上事故排名第一）。

从前文事故统计及相关分析得出，要想减少和避免事故尤其较大及以上事故的发生，有效途径是改变"三差"、杜绝"两多"。

（1）强化安全技术培训和严格管理。通过提高管理者（机械管理人员、技术管理人员、安全监管人员）的管理能力，彻底改变另外"两差"，有效杜绝"两多"。

企业各级负责人、项目负责人，要充分认识到管理能力差的危险性和危害性，尤其要高度重视起重机械及起重吊装的安全管理，减少责任主体，尽量实行责任主体一体化。按规定要求完善机构，配置专职管理人员和机械专业人员，按规定、按要求做好起重机械及起重吊装安全管理。

专职安全生产管理人员要做好过程监管（关键点）。

（2）把好选择关，主要体现在以下几方面：

①租赁单位的选择。

②安装单位的选择。

③生产厂家的选择。

要选择租赁信用评价等级高的租赁企业和安装单位，同时在租赁和自购时尽可能选择安全性能高、质量优的厂家生产的产品，租赁的产品不要选择接近规定使用年限的产品，禁止使用明令淘汰、过期报废的产品，尽可能从源头控制设备实体隐患。

（3）加强安装与拆卸关键阶段的监管，集团公司可强制实行地区公司派驻专业人员到现场旁站监管。

（4）熟练掌握起重机械安装、拆卸、使用安全要点。

（5）严格把好"四关"：进场验收关、方案编审关、设备检测关、运行维保关。

关于按规定和要求做好项目现场建筑起重机械及起重吊装安全管理，可以从以下几方面切入：

（1）起重机械涉及的责任主体多（包括厂家、产权单位、租赁厂家、安拆单位、使用单位、维保单位等），工种多（包括司机、信号司索工、安拆工、维保工等），总包单位切不可以包代管、以租代管、放任不管、以检测代验收等，要切实担负起总包责任，否则出了事故，损失大、影响也大。

（2）强化对管理层级人员（包括安全管理人员、技术管理人员、机械管理人员等）、操作层级人员（包括司机、信号司索工、安拆工、维保工等）的安全技术培训，熟悉了解技术规范、标准的重要性，学习掌握相关技术重点。经过入场教育培训考核和专项培训考核合格方可上岗作业。

（3）机械管理等现场专职管理人员要切实履行总包以及自身岗位职责，针对上述"两多"，务必分清各主体方的职责界限。对操作工种的职责分工要明确，使用前，应对司机、信号司索工等作业人员进行联合交底（特殊情况要重新进行交底），技术操作交底要清晰、详细、有针对性。对技能低下、责任心不强、不尽职的司机坚决不用，即使有相关证件，上岗前也必须考核，不合格的、不称职的坚决不能让其上岗。现场专业管理人员要严格、认真、负责，并加强各种检查、检测、验收工作及对设备效果有效性、良好性的把关，要全方位、全过程并有重点地加以管控，对重要的节点部位，如基础、附墙根部等部位的隐蔽、关键受力部件的预埋的检查，务必亲自到场、亲自上阵、亲自见证、亲自核查。不能因管理缺失或管理层与操作层未能紧密衔接而发生事故。

（4）特种设备操作人员要提高操作技能，牢固树立安全意识、防范意识、执行意识、对自己生命的负责意识，提高综合素质，要跟专业管理人员一样做到"六勤、六到"，即"腿勤，跑到；眼勤，看到；嘴勤，问到；耳勤，听到；手勤，做到；脑勤，想到"。不能因意识不到位、日常检查不到位或检查技能低下、能力不过关而未能及时发现隐患，并进行检修和排除。不可因为责任心不强、操作不规范等造成事故。特种作业人员，要有特殊的社会责任感，要肩负起重大的职业责任和社会责任。

（5）日常检查、维修、保养是防止事故发生的关键，需要注意以下方面：

①基础。

②标准节（标准节结构、标准节螺栓）。

③附墙（附墙整体型式是否符合要求；附墙支座连接是否稳定、附墙丝杆是否连接上、附墙调节螺杆是否可靠安装）。

④塔帽结构、塔帽螺栓、销轴。

⑤钢丝绳（包括吊装用钢丝绳）。

⑥吊钩（吊钩保险）。

⑦力矩限位。

⑧高度限位。

⑨幅度前限位。

⑩安全距离。

专业管理人员要耐心、细致地跟大家讲岗位的重要性、危险性、责任性、专业性、技能性。专业管理人员和操作人员的培训教育一定要跟上，良好习惯的养成是重点。

第十一节　加大危大工程管理力度

住建部 2018 年 37 号令和 31 号文件的出台，充分体现了危大工程安全管理的重要性和紧迫性。这要求我们除了把好大家熟知的"四关"，即"方案编审（论证）关、二级交底关、实施关、验收关"外，还要按要求把好新"四关"，即"作业人员登记关、作业警示和验收公示关、手续签字程序关、建立专项档案关"。这更加强化了所有施工管理人员的工作责任意识，尤其是危大工程施工期间项目经理要带班生产，专职安管人员要旁站监督，强化了危大工程分级管控和流程化管理。

为从源头上做好危大工程安全风险管控工作，从技术的角度上就要对施工图纸以及招标文件中提供的危大工程清单进行熟悉了解和补充完善，制定施工方案并采取安全措施，强化现场施工方案管理，事先从源头上进行风险辨识、预防和控制，防止重大事故的发生。要严格按照依法审批的施工图纸和设计单位出具的手续齐全的书面变更设计组织施工。重点整治危大工程施工环节中的安全隐患和违规行为，对安全风险和隐患既要从技术、管理的角度，事先想得到，也要在施工过程中检查到，也就是通常所说的最大的风险是心想不到、意识不到，最大的问题是检查不到、发现不到。项目危大工程管控的重点就是防止方案是方案，施工是施工，方案与施工"两层皮"、严重脱节的现象发生，要坚决反对这种违规违章、野蛮施工的行为。

第十二节　加强分包单位和劳务作业班组安全管理

大家知道，80% 以上的伤亡事故是由于"三违"，即"违章指挥、违章操作、违反劳动纪律"等人的不安全行为造成的，因此，加强分包单位和劳务作业班组人的行为管理显得尤为重要。

现实中存在工程专业项目以包代管，劳务队老板"上面有人"，财大气粗；作业人员"天高任鸟飞"，无法无天；

工程分包不按正常渠道进行，"人情发包""利益分包""牵着鼻子必须包"，等等这些不规范操作导致分包企业及班组安全约束力失效，分包企业和劳务班组安全工作放任自流。

这方面的安全工作要从根本抓起：规范分包、劳务班组安全生产责任；安全工作必须从专业工程、作业劳务招标开始，从合同谈判抓起，在招标时就要明确安全资源的配置，签订合同时必须缴纳足够的安全责任保证金，保证金由现场安全管理部门负责奖罚支取；特殊工种进场必须经过安全管理部考核批准，安全员对资金分配有签字权、有用人单位否决权。对专业分包（包括成建制劳务分包）工作的安全管理要做到十六个字：手续齐全、管理到位、痕迹清楚、规避风险。

项目部要将安全生产管理体系和责任制细化到分包单位和作业班组（主要是指班组长或劳务老板和工地带班人员），将其纳入现场总包管理体系，进行统一协调和管理，打通安全管理的"最后一公里"。

具体要做好以下总包安全管理主要事项：

（1）分包合同安全协议书、临时用电安全协议书等协议的签订。

（2）对其分包的合法性、企业"三证"、管理班子到岗监督、人员持证进行核验，确保证件、手续合法、齐全、有效。

（3）共同审核危大工程专项施工（安全）方案。

（4）要求其现场负责人和安全员参加项目部各种生产安全例会。

（5）有效督促其开展工人进场教育、安全交底、安全检查及隐患整改。

（6）掌握其进场人员信息，并对其进行相关安全技术交底。

（7）对其定期进行安全检查，发现安全问题，及时督促整改，并留存记录。

（8）加强对分包单位和作业班组自带进场的各类移动式施工机械及其他各类机械设备的安全管理，包括对驾驶人员、司索人员的证件核查，还要检查说明书、年检情况、车辆合格证、保险单、吊装方案，验收（外观、安全装置、关键机构部位、吊索具等）、交底、巡查等，并建立"一机一档"。

（9）对不服从总包管理的分包行为要有处罚意见和凭据。

（10）对甲指分包单位不服从总包管理的，要函告建设、监理等相关单位等。

总之对分包单位和作业班组安全管理，既要坚持原则底线，敢于碰硬，也要克服畏难情绪，更要摒弃粗放粗暴的管理方法，力戒盛气凌人的管理方式，把总包企业好的安全文化融入并渗透到分包单位和作业班组中去，努力做到安全检查全覆盖、安全监管全过程、隐患排查全方位、责任落实全到位，全面履行好总包管理的职能。

分包单位有关主要安全管理协议如下：

（1）安全生产管理协议。

（2）临时用电安全协议。

（3）消防安全管理协议。

（4）交叉作业安全协议。

（5）安全生产文明施工管理细则。

（6）施工现场动用明火管理规定。

（7）施工现场安全生产责任书。

（8）施工现场扬尘治理责任书。

（9）分包企业法定代表人和项目负责人安全主体责任承诺书。

特别是"超深、超高、超规模"的"三超"工程分包多、责任主体多，一定要签订上述协议。

目前，劳务分包或作业班组管理混乱的现象是安全生产的"最大敌人"。农民工管理一直没有跟上时代的步伐，对农民工的培训教育与系统化管理严重滞后，有"一连串的大、中、小老板""突击队""游击队""飞机队"，甚至"榔头队""官司队"，普遍民工荒带来的劳动力的缺乏，也影响了施工现场领导者对用人单位的选择余地。

不良施工队伍一旦进场，安全管理风险是非常大的。因此，进入施工现场的工人必须按照国家对农民工实名制管理的要求，登记造册并进行技能培训考核、安全知识培训考核以及职业道德培训考核，考核合格后才能进入现场施工作业。

进场后要接受"三级"安全教育，人人签订安全责任书、承诺书，必须依法配备合格专（兼）职的安全管理人员。宁肯少干一个工程也要规范劳务企业或作业班组的安全行为。班组是安全生产之基，是事故发生之源，是安全生产之本，也是安全生产的归宿。大量事故资料统计分析表明，98%的事故发生在生产班组，其中80%以上的原因直接与班组人员有关。班组安全很大程度上决定着企业安全生产的命运，班组生产过程和作业过程的安全是一切安全生产工作的归宿。

班组长作为兵头将尾，一方面是管理层的末端，起到承上启下、上传下达的作用；另一方面作为操作班组的最高直接领导者，具有指挥权、调度权、考勤权、分配权、奖罚权等，不仅要带领员工完成每天的生产任务，还要保证每天生产过程的安全，是非常重要的角色，项目部要把其岗位职责、企业安全生产主体责任以告知书的方式清楚地告诉其本人，并要求其签订企业安全生产主体责任书面承诺，要让其有法律意识、法律担当，并以法律思维开展好每天的班组安全管理工作。

项目部要充分发挥班组的安全管理作用，制定班组班前安全教育活动规定，要求班组长要每天开好班前晨会，项目经理、施工员、安全员等施工管理人员必须到会指导、旁听、补充交底、进行督促，甚至要求班组进行早礼宣誓，共同协助班组搞好安全教育，做到班前有交底、班中有检查、班后有总结。不仅要做出高质量的工程，还要做出高安全度的项目。班前会细则内容参考如下（可参考图3-14）：

（1）点名：对上班工人进行一次清点，并检查其仪容、仪表。

（2）昨天班组作业情况回顾（工程量完成情况，主要质量及安全问题）。

（3）今天工作安排。

（4）安全注意事项：

①本工种今天存在的危险源。

②针对危险源应采取的措施。

③会议结束时全体人员在记录本上签名。

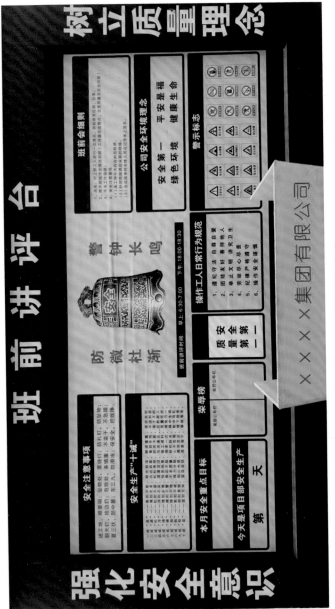

图 3-14 班前讲评内容

项目部要经常、长期开展反"三违",即"违章指挥、违章操作、违反劳动纪律"专项行动和"四不伤害"教育。"四不伤害"是指不伤害自己;不伤害他人;不被他人伤害;保护他人不受伤害。此外,还要加强"三违"控制,强化岗位作业标准,对八大危险作业,即"动火、动土、高处、吊装、临时用电、断路、受限空间、盲板抽堵"及其他危险作业实行作业许可和专人管理制度。对于各种违章违纪现象,各种思想麻痹的侥幸做法,各种冒险蛮干行为给予及时批评并纠正和严格处理,使职工在安全、良好的作业环境中工作,以实现项目设备质量完好、防护设施到位、操作行为规范、安全管理科学,保证项目本质安全。

第十三节 持续创建各级各类安全文明标准化工地

由于市场竞争异常激烈,社会、用户对项目现场管理的要求越来越高,因此,创建创优已成为行业的最低要求和普遍共识。作为施工企业,就应该要求每个区域市场必须因地制宜,有针对性培育,创建多个甚至一批各级各类示范工地、标化工地。这不仅有利于企业在当地影响力的提升,取得溢出的经济效益,也能让其他项目学有榜样,在学习先进模式中消化、提升,倒逼落后项目提高。通过强化典型带动、示范引领、观摩学习、应用推广,稳步带动区域层面和全集团层面上企业管理水平的提高。

第十四节　积极推进信息化、数字化、智能化技术在施工安全生产管理中的应用

企业管理的演变经历了四个阶段：

（1）分工使得劳动效率最大化。

（2）分权使得组织效率最大化。

（3）分利使得人的效率最大化。

（4）组织协同使得效率最大化。

数字化时代，要使组织协同，就得实现企业管理的平台化。如今，公司的员工可以在同一个平台上，在同一时间看得到、查得到工作所需的图表和数据，实现了工作上的即时互动、协同办公（参见图3-15）。线上交流和内部管理也实现了同步，不再是以前的一层对一层、一级对一级、一步对一步、人工上传下达式管理，而是做到了管理透明化、实现了管理的可追溯性。

安全管理是企业管理的重要组成部分。信息化安全管理采用多种手段、多重防控、多层监督、多个维度对安全生产进行监管，实现了安全生产关口前移、超前防范、预教预测、预想预报、预警预防。不断通过大数据、物联网、机器视觉等技术，将人、机、物、环境等信息进行实时采集分析，实现了事前预防、事发应对、事中处置和事后管理，实现了安全、服务、效率"三统一"。

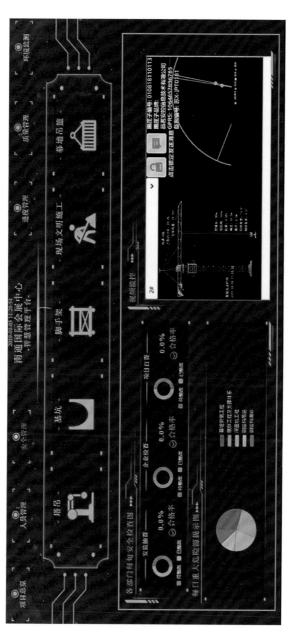

图 3-15　数字化时代企业管理的平台化

　　企业要加强对各层级单位信息技术人才的培养，相关技术人员、管理人员，尤其年轻人要与时俱进，刻苦钻研，总结有关智慧工地、智慧安监等信息化、数字化、智能化等安全管理的前沿技术和手段，例如：危大工程信息化管理、检查考评信息化管理、远程视频监控与现场抽查有机结合管理等参见图3-16，并应用到实际工作中去，通过大数据时代带来的新思想、新理念、新方法，注重"科技兴安"，不断推动安全管理的创新。

图 3-16　视频监控

　　总之，就一个企业而言，安全管理是一项横向到边、纵向到底的庞大的系统工程，其宗旨是使企业的每一个成员——

从决策层到执行层，都各尽其才。企业各部门、各单位必须保持系统性、整体性、协同性，整体联动推进。尤其是集团公司、地区公司（专业分公司）、项目部三个层级在安全管理各个方面的整体联动，通过源头治理、系统治理、综合治理、精准治理、依法治理等手段，以及以项目安全策划和标准化策划施工为抓手，形成健全的安全生产管理体系和全员自觉参与管理的安全文化，着力提高工程项目施工安全度，有效防范、化解各种重大安全风险，确保企业生产安全，平安发展。